S

27862

EXTRAIT

DU

TRAITÉ COMPLET

DE LA CULTURE DU TABAC,

Ordonné & décrété par l'Assemblée Nationale,

SUR LE RAPPORT DE M. GOUDART, *Député de Lyon.*

Noſtrum fuit efficere ut omnium rerum vobis, PATRES CONSCRIPTI, ad conſulendum, poteſtas eſſet : veſtrum eſt decernere quod optimum vobis, reique publicæ, ſit. *Tit. Liv.*

JUSSU SENATÛS. *Vell. Pat.*

A PARIS,

DE L'IMPRIMERIE NATIONALE.

1791.

EXTRAIT

DU

TRAITÉ COMPLET

DE LA CULTURE DU TABAC,

Ordonné & décrété par l'ASSEMBLÉE NATIONALE.

IMPRIMÉ PAR SON ORDRE.

PRÉCIS DE L'HISTOIRE DU TABAC.

LE tabac est indigène au Mexique : les Espagnols virent pour la première fois cette plante, en 1510, dans le Yucatan, presqu'isle qui s'avance dans le golfe du Mexique, sur une longueur de vingt-cinq à trente lieues ; l'année suivante ils en virent une autre espèce dans la Province de Venezuela, dont ils faisoient alors la conquête. Les habitans de ces provinces basses & fangeuses en fumoient la feuille, contre les miasmes putrides qui s'élevoient de leurs

A

marais ; les Espagnols les imitèrent, & crurent appercevoir qu'ils s'en portoient mieux. Ils en transportèrent
la graine à la Havane, à Saint-Domingue, & dans tous
leurs établissemens; ils furent bientôt imités par les François & les autres nations commerçantes de l'Europe; mais
la grande fortune du tabac en France a pour première
époque l'envoi qu'en fit (en 1561) M. Nicot, am-
bassadeur de France à Lisbonne, parce que, sur sa
réputation de remède universel, on en avoit cru les
feuilles capables de guérir les obstructions du sein.
Sa réputation varia avec sa culture ; plusieurs souve-
rains la proscrivirent, pendant que d'autres s'en faisoient
un monopole considérable. Enfin l'usage de fumer
prévalut ; chez le matelot & le soldat, pour détruire
les miasmes acides dans les lieux d'un grand rassem-
blement ; chez les femmes du Levant, pour dissiper
leur ennui ; chez les Asiatiques, par habitude ; en
Europe, par imitation plutôt que par besoin. En
pharmacie, les apothicaires l'ont abandonné. Les François & les Espagnols ont mis les premiers à la mode le tabac en poudre par des procédés différens, & fabriquent
le meilleur ; l'Espagne n'a pas cessé de le planter sur
ses terres ; les fermiers-généraux en ont privé la
France pendant soixante-dix ans, & pendant cet espace
de temps l'ont acheté des Anglois aux dépens de plus
de sept cent millions. Le même système dans l'administration a, pendant cet espace de temps, dépouillé
la France de sa plus belle colonie du continent de
l'Amérique, qui se seroit peuplée & enrichie des som-
mes versées aux Anglois. La Louisiane, dont une partie

(3)

leur a été cédée, & l'autre aux Espagnols, par le traité de paix de 1763.

Linnæus (espèce du tabac, p. 17, pl. 11e.), dans son système des plantes, en compte sept espèces, dont trois seulement de cultivées.

1°. Le grand tabac ou tabac mâle, à très-grandes & très-larges feuilles, la fleur purpurine.

2°. Le grand tabac à feuilles longues & étroites, appelées en Amérique la langue de bœuf, ou tabac de Virginie en Europe.

3°. Le tabac du Mexique à feuilles rondes, variété de la seconde espèce, ou tabac femelle à fleur jaune.

Le tabac de Verine ou petit tabac, extrêmement cultivé dans le Levant pour la pipe ; celui de l'Attakiée sur la côte de Syrie, & du Curdistan dans le Diarbeck, sont le plus estimés.

La culture du tabac, pour y réussir & en faire un état honnête, exige, du côté de la nature,

1°. Un climat favorable, où les chaleurs soient tempérées, & l'atmosphère tranquille.

2°. Un bon fonds de plaine ou vallée, une terre calcaire douce, même pierreuse ou ferrugineuse ; il n'en a que plus de goût ; les terres novales, les anciennes alluvions, les immenses pays couverts des débris de végétaux pendant une infinité de siècles ; & dans les pays peuplés & cultivés, des terres propres au chanvre & au lin.

3°. Une abondance d'eau telle que la plante jamais ne souffre de son défaut, & qu'elle soit plutôt répandue par irrigation que par arrosement.

Du côté du cultivateur, ses soins s'étendent,

1°. A cultiver le tabac dans des enclos, à l'abriter des vents violens par des palissades aussi multipliées que le demande une plante dont tout le mérite est d'avoir une très-belle feuille, bien conservée, & à ce que ces palissades soient le plus utilement productives.

2°. A ramasser au dehors ou former chez lui des engrais assez abondamment pour que le tabac ait la plus belle végétation.

3°. A avoir un nombre suffisant d'ouvriers, d'aides & de domestiques ; les bâtimens nécessaires à faire sécher la feuille, & un bétail assez copieux pour fertiliser continuellement la plantation.

4°. Il doit réunir sur lui le triple état de cultivateur, de fabricant, & de détaillant son tabac ; en conséquence le faire le meilleur possible, & y être fidèle.

Du côté de l'administration,

L'impôt une fois fixé doit être invariable ; par-tout où il est arbitraire il n'y a plus de propriété, ni de patrie, ni de vertus, ni de richesses.

Enfin le cultivateur doit jouir, comme tous les citoyens, de la protection de la loi, & vivre en sûreté sous son égide.

Par-tout où ces conditions ne seront pas réunies, le tabac n'offrira aucun avantage au-dessus de la culture des blés ; il exigera plus de soins & sera accompagné de plus de dangers.

La comparaison du climat (des climats, p. 27) extrêmement variable de la Pannonie, avec l'heureux ciel de la Garonne, de la Virginie, de la Louisianne,

(5)

prouve la différence qui doit exister entre deux cultures de même espèce & de même étendue faites avec des soins égaux : elle prouve aussi que sous la Zône-Torride le tabac est extrèmement énergique , qu'il est plus agréable dans un climat moins chaud , tel qu'il est entre le trente-cinquième & quarante-cinquième degré ; qu'enfin plus la culture s'avance dans le nord , moins il a de qualités , & plus il a besoin des sauces qu'on y ajoute pour imiter les meilleurs.

La terre n'est qu'une matrice (des terres , p. 43) sur laquelle croissent les végétaux : ils ne sont eux - mêmes qu'une réunion d'eau , de terre & d'air , modifiés pour leur emploi ; les plantes croissent sur les ruines d'un globe dont la croute publie un mouvement aussi continuel qu'il est dans les animaux , puisqu'à quelque profondeur qu'on l'ait sondée , cette enveloppe n'annonce qu'une formation & une destruction successives d'animaux , de plantes & de minéraux ; une série des plus violens déplacemens de la mer , & des bouleverse-mens de la terre. Les montagnes de différentes dates , leurs surfaces variées à l'infini , une rotation lente , mais sensible , des eaux autour de la terre , des couches de différens âges , localement non généralement ho-mogènes , des collines qui se décomposent & comblent les vallées de leurs atterrissemens , telle est la terre dont le grain , aidé du soleil , donne au tabac comme au vin , au blé , à tous les comestibles , leurs goûts plus ou moins agréables , d'après la nature des sen-sations , souvent d'après les préjugés réceues & l'espoir d'une jouissance plus parfaite. Ainsi le quartier de

A 3

Macouba donne au tabac qu'on cultive à la Martinique un goût naturel de rose, ainsi chaque pays a son goût particulier, ainsi le meilleur est le plus recherché ; le commerce les classe tous & les contrefaits ; ainsi souvent le consommateur n'en achète que le nom, & croit jouir de la réalité.

(Des deux cultures du tabac, p. 58). Ce chapitre expose les avantages que procure à l'état la culture du tabac, du côté de la population ; il donne un tableau succinct de celles des colonies françoises qui le cultivoient, avant que la défense d'en planter, surprise par le fisc, eût changé en déserts ces terres alors très-peuplées : l'étonnante cession des propriétés de la France dans l'Amérique septentrionale, est mise en parallèle avec les soins que l'Angleterre apporte à l'établissement des siennes ; l'espérance de voir cesser nos malheurs est désignée par le portrait d'un cultivateur heureux dans son petit enclos au milieu de sa famille à l'ombre des lois : on y admire les *efforts d'une grande nation qui s'affranchit de l'esclavage*, LES TRAVAUX DE SES REPRÉSENTANS POUR FONDER UNE CONSTITUTION DIGNE D'ÊTRE CELLE DE TOUS LES PEUPLES ; IL EST ENFIN L'INTERPRÈTE DE LA RECONNOISSANCE PUBLIQUE ENVERS LE ROI, CHEF SUPRÊME DE L'EMPIRE.

Depuis la page 65 jusqu'à la 86me. l'auteur entre dans les détails des dépenses & des produits des deux cultures, qu'il expose sous les noms de grande & petite ; détails mieux circonstanciés depuis la p. 363 jusqu'à 372. Il en tire une grande vérité ; c'est qu'un cultivateur de tabac qui peut ramasser au dehors

(7)

affez de débris de la nature pour engraiffer un arpent
de tabac , peut très - bien fubfifter avec cette petite
portion de terre , fi d'ailleurs elle a les qualités qui exige
la nature de la plante. Dès-lors un chef de famille de
fept individus , & même de huit, vivra d'autant mieux
dans une enceinte de douze arpens (petite culture ,
p. 65 & 363 , pl. 4) , qu'ils feront encore aidés par
les produits de leurs paliffades & de leur baffe-cour.
Leur aifance doublera s'ils favent fabriquer leur tabac,
& ce fecond produit fera fuivi d'un troifième , s'ils font
dans le cas de le vendre en détail ; mais un cultivateur
ne peut prétendre à l'enfemble de ces avantages que dans
le cas où il auroit fon habitation près d'une grande ville.

Le défaut d'engrais (grande culture , pages 79 &
367, pl. 2) force le chef d'un établiffement à les
faire chez lui-même, & dès-lors il a befoin du bétail
qui doit le produire & des prés qui le nourriront : au
lieu de douze arpens, fon enclos fera de quarante ,
dont la moitié en prés , un fixième feulement en
tabac, les deux autres en blé pour la famille & le
commerce , le dernier pour la même deftination que
la prairie : les produits qui font détaillés prouvent
l'exactitude de la culture, & celle-ci bien entendue en
affure la continuation.

Les mûriers, les faules & marfaulx, les treilles, les
citrouilles, les haricots (enclos, page 89, pl. 5) fe
préfentent pour des paliffades, mais l'on donne la
préférence aux premiers pour la foie qu'on en attend;
aux feconds, pour les perches dont on a befoin ; le
vin entre dans l'établiffement des troifièmes ; l'entre-

tien de l'écurie détermine les quatrièmes, & la cuisine est le principal objet des cinquièmes. On plante les éventails en peupliers d'italie, & l'on garantit l'extérieur de l'enceinte par des sureaux & des arbustes épineux. Dans le grand enclos se trouvent ceux des couches, des remplacemens, du jardin, de la chenevière, des plantes mères.

Il étoit juste de loger le cultivateur après avoir isolé sa plantation (page 110, pl. 2, 3, 4, 6); & comme ce logement ne devoit pas être d'idée, on a présenté tous ceux qui sont connus de l'auteur, ou qui lui ont été communiqués. Le hangard des familles errantes de Hongrie, les logemens souterrains des Valaques & des Rasciens, les maisons des colons d'Amérique, des paysans d'Allemagne, de Pologne, de Lithuanie, &c. qui ne sont que des arbres couchés les uns sur les autres; celles de la Crimée, faites avec des poteaux debout, liés par un clayonnage revêtu de terre, & maintenu par une architrave qui porte le couvert; celles des villages de Hongrie, faites en pans de bois garnis avec des briques cuites au soleil, les cases des Indiens en torchis; & enfin les constructions en pisé, les plus anciennes peut être du monde, les plus solides, les plus économiques, les plus modestes; manière de bâtir par-tout où la pierre manque, où le bois est rare, où la chaux est à haut prix, maisons qui font les logemens en général dans la Perse, l'Egypte, l'Asie mineure, dans l'Italie, en-deça du Pô, en Catalogne, au midi & en partie à l'est de la France, & qu'on a le malheur de ne pas connoître dans les départemens du milieu & du nord, & qui feules peuvent réparer le défordre des forêts de l'empire & obvier aux incendies qui ruinent tant de villages ; l'auteur, dans l'unique vue d'être utile à fa patrie, en préfente trois planches & cite ceux qui s'en font occupés & en connoiffent plus particulièrement l'exécution : lorfqu'on voit les ruines des ports d'Anzio & de Nettuno, les moles de Gaete, de Pouzzols, les aqueducs des Romains, on eft étonné du parti qu'ils ont tiré de cette conftruction, quand, au lieu de terre, ils ont rempli leurs encaiffemens avec du cailloutage ou des pierrailles mêlées avec la chaux & le fable, & qu'ils les ont maffivées dans le moule.

Comme de toutes les plantes le tabac eft celle qui épuife le plus promptement les terres, (page 169) le chapitre des engrais étoit un des plus effentiels ; on en trouve une fuite de quatorze efpèces prifes dans les trois règnes ; on ajoute aux principes des exemples obfervés en Angleterre, en Moravie, en Hongrie, fur les ports de mer, en Flandre, en Bretagne, en Italie & dans le Levant, on donne des procédés pour les augmenter, d'autres pour les appliquer, & l'on fpécifie ceux qui font les plus propres pour le tabac.

Quels font les différens labours qu'exige le fuccès d'une plantation, (page 206) le temps & le mode d'en engraiffer les terres, les attentions pour changer de place tous les ans aux plantes dans le même champ, comment on dirige l'engrais dans les labours en plein, en tranchées ou par foffes feulement, la lecture du chapitre neuvième ne laiffe rien à defirer fur ces objets.

Le tabac eſt peut-être de toutes les plantes celle qui craint le plus les influences de l'air (page 213) : ſous la Zone torride on le cultive à l'ombre ; le ſoleil le brûle en pépinière & étant jeune : dans les pays les plus tempérés, on le garantit ſur couche des gelées blanches du matin ; dans le nord, on le préſerve des frimats & ſur couche, & tranſplanté, & ſur le point d'être cueilli. Trois inſectes cherchent à vivre à ſes dépens. Un ver pique ſa racine & mange le principe de ſa vie, une chenille qui reſſemble beaucoup au ver à ſoie ſe nourrit de ſes feuilles ; il eſt infecté par la punaiſe des bois : ſe trouve-t-il une trouée dans l'enceinte d'une plantation, à peine un troupeau de mouton l'aura-t-il apperçu qu'elle ſera dévorée ? La ſéchereſſe, les grands vents &c. ; il ſemble que toute la nature ſoit conjurée pour s'oppoſer aux efforts du cultivateur, que ces obſtacles occupent continuellement.

Outre les gros outils ordinaires en uſage dans toutes les parties de l'agriculture, (page 238, 300, 326) il en eſt de particuliers à la culture du tabac pour la plantation, la récolte, le deſſéchement & la fabrication, & ces derniers ſe multiplient en raiſon des ateliers relatifs & néceſſaires à l'importance de la vente.

Tout ce qui concerne la graine, (page 243) ſa récolte, ſa conſervation, ſa végétation, les précautions & les ſoins pour en avoir de la belle, eſt renfermé dans le chapitre 12.

La formation des couches, (page 250) le temps de leur établiſſement, leurs dimenſions, couvertures,

auvents, le femis, l'éducation des plantules, la manière de les élever occupent le chapitre 13. Ici commence l'hiftoire de l'éducation : la conduite de la couche
règle celle de la tranfplantation, de l'éducation, de
la récolte, du fuccès, du bénéfice ; une famille de huit
individus doit femer par jour fur couche un demi-
arpent : il eft repréfenté fur la couche par une furface
de dix-huit pieds carrés ; les fept arpens à mettre en
tabac feront donc femés en quatorze jours, tranf-
plantés & récoltés de même, afin que les plantes aient
toutes le même âge en fécherie, & qu'elles foient
récoltées affez à temps pour n'avoir rien à appréhender
des gelées de l'automne.

On commence la tranfplantation par les plantes de
remplacement, (page 265) afin que celles qui mour-
ront dans le champ foient remplacées par de nouvelles
d'une même hauteur : cette précaution eft de néceffité ;
de plus petites que les voifines feroient toujours étio-
lées, & fouvent étouffées.

On emploie à la tranfplantation plufieurs procédés
dont les quatre principaux font détaillés de manière à ne
pouvoir pas fetromper (pag. 267, & pl. 1ere.). On voit
les plantoirs dans la planche première : plus on y appor-
tera de foins & plus belles on aura les plantes. L'exactitude à tranfplanter un demi arpent par jour eft de
rigueur ainfi que le nombre des plantes, lefquelles
ne doivent être placées qu'au cordeau à nœud & en
véritable quinconce, & non à angles droits, afin que
les feuilles jouiffent de toute la place que laiffe entre
elles la diftance de trois pieds. Il eft vrai que les

fermiers-généraux traitant, en 1674, de la culture du tabac avec les juridictions de la Guienne, en avoient rapproché l'éloignement à deux pieds quatre pouces; mais il vaut mieux avoir moins de plantes, qu'elles soient plus fortes, & sur-tout qu'elles puissent mûrir. Le vice du paysan est d'avoir le nombre de feuilles. Le cultivateur intelligent sait qu'en écartant les plantes il obtient le même poids dans un nombre moins grand de feuilles. A la vente, elles se pèsent & ne se comptent pas : il a tout-à-la-fois, sur le paysan, un excédant dans le poids, & la maturité dans la qualité de ses feuilles.

Le tabac une fois planté exige des soins d'autant plus continuels qu'on l'aura placé de meilleure heure (page 278); mais en revanche on le récoltera assez tôt pour jouir de la belle saison, éviter les brouillards & les pluies d'automne, lui donner plus de qualité, & sur-tout économiser beaucoup de dépenses : tant d'avantages encouragent à se livrer aux travaux de la plantation qui se présentent en foule, sur-tout pendant le premier mois qu'on a à combattre les gelées, le hâle & le ver rongeur, les giboulées qu'en France même on voit quelquefois se prolonger jusqu'au milieu de juin & trop souvent à la fin de mai. Il est heureux que les enfans de douze à quatorze ans, & sur-tout les filles soient les plus propres aux petits travaux de l'éducation, qui, à mesure que les plantes s'élèvent & s'étendent, deviennent de plus en plus difficiles aux grandes ouvrières & meurtriers pour les feuilles : ces travaux consistent à arroser les jeunes plantes, à les

(13)

garantir avec des cloches , & la fumée , de l'effet
pernicieux des frimats , à les farcler & les butter : les
Hollandois ont pour cette dernière opération des foins
précieux ; ils difpofent leurs terres en taupières , &
plantent fur ces petites buttes afin que la tige foit
plus élevée de quelques pouces , & que l'eau des pluies
ne faffent pas rejaillir la pouffière jufque fur les feuilles
baffes. Cette difpofition eft très-louable dans un pays
dont l'athmofphère eft auffi humide que l'eft la Hollande, mais elle feroit très - nuifible dans ceux où
l'arrofement en irrigation eft néceffité par un foleil
& une fécherefle conftante ; & dans ces cas il faut
difpofer la terre en planches plus baffes que les plates-
bandes, & leur donner la culture des afperges, en
ufage dans les environs de Paris ; ainfi, le butage des
plantes eft une opération de localité pour le mode,
& de néceffité pour l'éducation des plantes. L'éci-
mage a toujours lieu lorfqu'on apperçoit dans le four-
reau le bouton d'où la fleur doit naître. On plie la
pointe de la tige au-deffous de ce bouton, & la fève,
au lieu de fe porter en haut, reflue dans les feuilles,
les étend, & les épaiffit. On enlève les rejetons,
efpèce de feuilles furabondantes qui naît à l'aif-
felle des grandes & qui refte toujours petite ; efpèce
qui, fous les climats brûlans, fait du tabac très-doux
pour la pipe, & dans ceux du nord n'eft bonne à rien ;
efpèce enfin qu'il eft défendu de mêler avec les grandes
feuilles dans le commerce, fraude qu'on punit très-
févèrement en Pologne. On détaille dans le traité,
page 191, les quatre fortes de rejetons qui croiffent

pendant la végétation fur la couronne du tronc ou dans la fécherie. Après les foins de la première quinz.ine , on fera au moins trois tournées très-régulières pour toutes ces petites opérations dans le même ordre qu'on a planté : à la dernière, on retranche les feuilles viciées ou déchirées, & l'on fixe ainfi le nombre des feuilles qu'on efpère récolter : cette tournée fe fait trois femaines avant la récolte; & lorfque le tabac commence à couvrir la terre, au moment où les ouvrières ne pourroient plus vifiter les feuilles fans craindre de les rompre avec leurs jupes, alors on ferme la plantation & on la laiffe aux foins de la nature; c'eft le moment du plus ample accroiffement des plantes & de la plus grande chaleur du foleil, une plantation bien conduite eft réellement fuperbe à l'apogée de fa végétation, mais bientôt après les canaux de la fève fe durciffent, fe refsèrrent, s'oblit-tèrent, le verd très-vif des plantes prend une teinte de feuille morte, & la nature avertit par là qu'il eft temps de cueillir les feuilles.

Pages 300, 308, 312. Pendant ce temps d'inertie, le cultivateur a mis en état fa fécherie, fes outils, fes ficelles, fes mannes & autres outils , s'il veut cueillir en feuilles; fes traîneaux, échelles, marche-pieds, cordes, &c. s'il préfère une récolte en tiges, & tout enfemble s'il juge plus à propos de commencer par les feuilles baffes & d'achever la récolte en tiges; rien ne doit l'arrêter une fois qu'elle eft commencée ; mais celle en feuilles a des inconvéniens qu'on évite lorfqu'on cueille en tiges , fi l'on a été exact à fuivre & les

(15)

principes & la méthode qui amène à-la-fois la maturité de la feuille fur toute la plante , & que n'obtient jamais le retardement par quelque caufe qu'on l'éprouve ;

C'eft à la largeur de la fécherie à déterminer la longueur des guirlandes, & à la fagacité du cultivateur à diftinguer à-peu-près le nombre de feuilles qu'il peut faire féparer dans chacune des trois qualités de tabac qu'il mettra dans le commerce ou qu'il fabriquera. En feuilles, chaque forte doit être placée féparément ; en tige, cette opération eft renvoyée à la defcente de la pente, lorfqu'on en fépare les feuilles : toute récolte de tabac, fans le plus grand ordre, n'eft que confufion : on ne fauroit trop étudier les détails & admirer la patience dont s'arment les cultivateurs du nord pour arracher à la nature une plante qu'elle ne femble donner que malgré elle. Quoi qu'il en foit, la récolte doit s'y faire en feuilles avant la faifon des brouillards & des gelées, qui commence toujours du 15 au 30 feptembre; & en tiges quelques jours plus tard, en ayant l'attention que les plantes foient abattues avant la Saint-Michel, c'eft-à-dire à la fin de feptembre : autant la feuille fur pied craint ces gelées, autant leur action ceffe avec la circulation de la fève : dans tous les cas la récolte doit fuivre l'ordre de la plantation.

Pages 314, 320, 326, 337 : Il n'eft pas poffible de faire dans un extrait l'analyfe des défagrémens qu'on éprouve dans la récolte en feuilles, lorfqu'une fois le foleil eft au-deffous de l'équinoxe d'automne ; l'état de la plante, l'humidité des feuilles, la boue d'un terrein mouillé, la difficulté des dépôts que les cueilleuses font obligées de faire des feuilles, la précaution de n'entrer dans la plantation qu'après la dissipation des brouillards, l'extrême fermentation des feuilles cueillies & amoncelées pour les blanchir, & adoucir leur acreté, les jours ne se succédant que pour devenir plus courts, tout devient ruineux au cultivateur qui n'a pas su calculer d'après son climat & prendre sur lui un peu plus de peine au printemps pour s'en épargner une très-déchirante en automne ; alors il n'y a que la récolte en tiges qui puisse le sauver, comme il n'y a qu'elle qui soit en état de lui donner les plus superbes feuilles quand on en renvoie la fermentation au moment où, privées de l'excès de leur humidité par leur séjour dans la sécherie, on en fait des paquets plus ou moins considérables, qu'on appelle *manoque*, mais qui jamais n'excédent le nombre de cent feuilles ; mais ce procédé n'est possible qu'autant que la plante est mûre du bas en haut, & cette maturité dépend entièrement de la précocité du semis, de la régularité de la plantation, & de l'abondance des soins dans l'éducation.

Le tabac à la pente est à l'abri d'un soleil ardent dans les pays chauds, de l'action des rayons & du grand air dans les climats tempérés, des brouillards & des pluies, ordinairement très-fréquens dans les pays maritimes, bas, & s'avançant au nord : par-tout il y a des causes locales pour avoir soin de cette plante, & la conserver par des moyens particuliers. En effet, au lieu de s'appauvrir, comme elle auroit

fait

fait en plein air, elle perd infenfiblement fon humidité, & lorfque fes feuilles font affez defféchées pour
qu'on n'ait plus à craindre l'excès de leur humidité,
on les defcend de la pente, on les range les unes fur
les autres, fuivant l'ordre de leur grandeur, &
l'on en fait des paquets qu'on foumet à la preffe;
comme les feuilles fe recoquillent en féchant, fur-
tout fur les bords, on attend, pour les defcendre, un
jour de brouillard, qui leur rend leur foupleffe, ou
bien on les expofe à la vapeur de l'eau bouillante,
qui fait le même effet, avec un peu plus d'embarras:
on eftime que le déchet du tabac en manoques, juf-
qu'au bout de la première année, eft d'environ un
cinquième de ce qu'il a pefé quand on a fait ces paquets.
Dans le cours de cette année il demande des foins
particuliers; on l'arrange tantôt debout fur des
tablettes, tantôt en piles; on met au milieu de ces
piles les manoques de l'entourage; on égalife la fermentation; enfin, lorfqu'on croit n'avoir plus à en
efpérer qu'une très-lente, on met les manoques en
boucauts ou en balles. Le tabac eft marchand; alors
il exige des connoiffances particulières (p. 3 5 5) pour
ne pas tromper quand on vend, ou ne pas l'être
lorfqu'on achète; l'état de fabricant en demande
d'autres (p. 3 5 8) qui font la bafe de l'excellent tabac,
auquel le cultivateur doit fe tenir avec rigueur s'il
veut acquérir une bonne réputation, & devenir riche
par le temps, & non par des moyens peu dignes d'un
honnête homme. Le cultivateur s'eft rendu compte de
la marche de fa récolte; favoir,

Extrait de la culture du tabac.   B

De l'efpacement des plantes & de la graine d'une plante-mère, page 247; du dénombrement des feuilles, d'après les efpèces de tabac qu'il veut faire, p. 308; des journées néceffaires à la récolte en feuilles, p. 310; de la quantité des plantes d'un arpent, & du poids de fes feuilles vertes & deffechées, page 312; de la claffification des feuilles par la nature, page 318; & dans le commerce, page 312; de la récolte en tiges, page 336; des travaux de la fécherie qui le rendent commerçable, page 338; des connoiffances néceffaires à un marchand de tabac, & en particulier à un fabricant, page 355. Ce même cultivateur qui doit devenir fabricant & débitant, va entrer dans le détail de ces trois états, pour en conftater le bénéfice.

Comme cultivateur d'un petit enclos (p. 363), il vend cent douze quintaux de tabac nouvellement en boucaut, à fix fous la livre, ou 30 liv. le cent pefant, & il en tire 3360 liv.; fa baffe-cour lui produit 437 liv.; la recette totale eft de 3,817 liv.; l'apperçu de fa dépenfe monte à 968 liv.; il lui refte net en bénéfice, 2,392 livres.

A l'appui de cette dépenfe on ne compte pas les différens bénéfices qu'il peut tirer de fes paliffades, qui ne laiffent pas que d'être confidérables s'il les fait en mûrier blanc. S'il attend un an pour vendre fon tabac, & qu'il le tienne en un lieu frais qui lui donne de la qualité, il le vendra un fou de plus par livre, & par conféquent 560 livres pour les cent douze quintaux; le bénéfice fera alors de 2,959 liv.

Dans une grande culture & un enclos de quarante

arpens (p. 367), la quantité de tabac eft la même, ainfi à fix fous la livre elle s'élève à 3360 liv. (*en le gardant un an il devient plus cher d'un fou par livre, & s'élevera à 3920 livres*). Celui de fon blé, de fon écurie de vaches à lait, de fon induftrie, de fa baffe-cour, ne fera pas moindre de 3,630 livres, en tout 6,990 liv.; la dépenfe fera de 3,730 liv.; il refte de bénéfice 3,260 livres.

Les produits indirects feront 1°. comme ci-deffus, de 560 liv. en gardant le tabac, & ne le vendant qu'après un an.

2°. Les paliffades de mûriers dont l'étendue & la répétition dans un enclos de quarante arpens peut élever le produit très-aifément à 1200 livres.

3°. Le produit des ruches, en les multipliant, peut devenir un objet de la plus grande confidération.

L'état de cultivateur fabricant eft le même dans les deux cultures (p. 365, 366, 369, 370), puifque l'un & l'autre ne récoltent que la même quantité de tabac : en entrant en fabrique ils l'eftiment fur fa plus haute valeur; pour le rendre excellent ils en enlèvent la côte, ils le mettent dans des boîtes de plomb, & vendent ce tabac fuperfin quinze fous la livre, & cinq fous feulement le tabac de côtes; ils gagnent encore 2,500 livres.

Les bénéfices indirects de ce fecond état confiftent à en multiplier la vente, & à en acheter qui puiffent foutenir la qualité du leur, & à être fidèle à en conferver la fupériorité.

Nos cultivateurs peuvent ajouter un troifième état

aux précédens, en faisant vendre leur tabac en détail dans de grandes villes où ils prendroient boutique ; alors en en vendant la moitié en boîtes de plomb à vingt sous la livre, l'autre moitié par onces, à un sou six deniers, ou vingt-quatre sous la livre, le tabac de côtes à huit sous la livre, & à trois liards l'once ou douze sous la livre en détail, ils trouvent encore un bénéfice de mille écus, toutes dépenses déduites.

La réunion de ces bénéfices (p. 371) forme donc un objet d'environ 9000 livres pour la grande culture, & de 8000 liv. pour la petite, ainsi qu'ils suivent.

PETITE CULTURE,	PETITE CULTURE,
ou	ou
Enclos de douze arpens.	*Enclos de quarante arpens.*

Etat de cultivateur		
(p. 364, 368) ...	2,392 liv.	3,260 liv.
Etat de fabricant,		
(p. 365, 370) ..	2,513	2,483
Etat de débitant,		
(p. 371)	3,235	3,235
Total	8,140 liv.	8,978 liv.

OBSERVATION très-essentielle sur le tabac de la ferme générale.

Il n'est parlé des ateliers du tabac de la ferme générale (p. 242 , 372) que pour préfenter en eux des modèles parfaits pour ce genre de fabrication & de commerce. La nature de la fabrication à Paris conftitue fans contredit le meilleur tabac rapé qu'on counoiffe , mais eft-il auffi bon qu'il pourroit l'être , & qu'il a été avant qu'on eût permis de le raper ? on peut répondre affirmativement que non.

Pour faire un excellent tabac on doit en ôter les trois quarts de la groffe côte. On les ôtoit autrefois , & on les brûloit à Montmartre (p. 353) ; mais aujourd'hui on fe permet de les laiffer , en retranchant feulement le très-court appendice qui les tenoit à la tige , & les côtes des feuilles robes : on appelle ainfi les feuilles qui font l'enveloppe de la corde du tabac , qu'on file pour enfuite le couper en bouts égaux , & en former les bâtons. Il eft néceffaire d'en enlever la côte pour que la corde foit pleine , égale , & très-ferme ; ce peu de côtes qu'on enlève ne peut tout au plus faire qu'un vide de dix pour cent , qui eft amplement remplacé par la fauce. Il fe confomme au moins quinze millions de livres de tabac rapé ou en bâtons ; en ne portant qu'à dix pour cent la quantité de côtes laiffées dans la corde , elle s'élève au poids d'un million & demi pefant , qui coûte aux fermiers-généraux fept fous , & fe trouve vendue trois livres fix fous ; la permiffion de raper leur a donc valu à-peu-près un écu par livre de ces rebuts , dont l'honnêteté publique ordonne de faire un tabac inférieur (p. 349 , 385) , ou qu'il eft encore mieux que l'on brûle. Voilà ce qui regarde les côtes , fans entrer dans le prix qu'on vend, ni favoir ce que devient le peu qu'on en ôte ; certainement on ne le perd pas.

Si l'on confidère à préfent le prix auquel le tabac a été fixé, on fera étonné qu'il ne faffe pas un des revenus du tréfor public.

Le tabac ne revient à la ferme qu'à fept fous la livre ; en fixant les frais & les bénéfices à cinquante pour cent , il coûtera dix fous fix deniers la livre, ou cinquante-deux livres dix fous le cent pefant : on le vend trente fix fous la livre, ou cent quatre - vingt livres le quintal ; il y a donc fur chaque livre un bénéfice de vingt-cinq fous fix deniers ; fur cent livres celui de cent vingt fept livres dix fous ; & fur quinze millions pefant de tabac, un bénéfice de dix - neuf millions cent vingt-cinq mille livres ; que deviennent-ils ? & l'Affemblée nationale en eft-elle informée ? La fauce qu'on donne au tabac eft l'objet du dernier chapitre (p. 379), & le fecret des fabricans ; elle adoucit les tabacs trop âcres de la Zône Torride, rend plus agréables celui des climats tempérés, donne de la qualité à la froide inertie de ceux du Nord, toujours elle doit plaire aux goûts des confomma-teurs , & en étendre la confommation : un mélange bien entendu de ces efpèces de feuilles eft une pre-mière , & peut-être la meilleure fauce.

On trouve, pour addition au traité, des extraits de culture dans tous les climats (p. 387), afin que chacun y puife ce qui aura pu manquer dans le corps de l'ou-vrage.

NOTES ESSENTIELLES

RÉSULTANT DU TEXTE.

Quelle est des deux cultures celle qui est la plus avantageuse à l'Etat ? donner la preuve par comparaison.

Quel emploi, 1°. pour la constitution ; 2°. pour la très-grande utilité de l'Etat ; 3°. pour celle de la capitale ? Les bénéfices immenses que fait encore le fisc sur ses ruines appartient-il à l'État ou aux fabricans du tabac ?

PREMIÉRE NOTE.

La petite culture paroît au premier coup - d'œil favoriser la population plus que la grande, puisqu'elle nourrit trente individus, où la grande n'en emploie que dix; mais elle a, par-dessus la petite, le précieux avantage de nourrir quinze bêtes à cornes, ou soixante bêtes à laine de la grande espèce : à cet égard la grande culture présente une base à l'agriculture de France, qui, jusqu'à présent, n'a fait aucun usage de la base que lui présente la nature pour l'aménagement de ses terres.

B 4

Les jachères sont cette base , dont le produit appartient au bétail , & qu'il est si aisé de mettre en valeur par des fourrages de plantes annuelles : le mot de jachères vient du latin *jacet* , mot sépulchral qui désigne trop bien la mort périodique que les François donnent par misère , & défaut de bétail à leurs terres.

Les terres en France , comme par tout , sont partagées en trois folles , dont un tiers est labouré sans porter ; les François sont de tous les peuples de l'Europe celui qui est le plus nombreux , qui ait le plus de terres , & qui mange le plus de pain , qui, par conséquent, ait le plus de besoin d'en faire produire.

Le goût des François pour le pain a engagé les auteurs à estimer la consommation à une livre & demie par tête , & la récolte nécessaire pour vingt-six millions d'hommes , y compris les colonies , à soixante millions de setiers de bled : le produit commun de l'arpent étant de cinq setiers , & n'y en ayant qu'un tiers semé en bled , il en résulte que le labour général s'élève à trente-six millions d'arpens, dont douze millions en jachères devroient nourrir douze millions de têtes de gros bétail , lesquelles, à leur tour , rendroient les terres susceptibles de porter huit setiers , & donneroient à la France , par le commerce extérieure , une masse de richesses qui auroient bientôt réparé ses pertes.

Cette bonification ne dépend point d'un renverse-

ment d'ordre : conferver le même régime & mettre
les jachères en valeur , voilà toute la magie de l'é-
tranger, qui ne ceffe de nous verfer fon fuperflu.

---

*Comparaifon de la culture & du produit d'un arpent de
terre en France , avec un pareil cultivé chez l'étranger,
en prenant pour exemple celle de la Moravie , dans
l'ordre actuel des folles.*

FRANCE.

PREMIÈRE ANNÉE.

Blé , terre maigrement fumée , produit cinq fetiers,
lefquels, à 20 liv. . . . . 120 l.

DEUXIÈME ANNÉE.   }180 l.

Menus grains, valeur la moitié du blé,   60

TROISIÈME ANNÉE.

En Jachères fans récolte ; trois labours coûtent,
à 6 liv. chacun, 18 liv. ; à rabattre fur le
produit , ... 18

Refte. Produit net pendant trois ans. . . . . . 162 l.

MORAVIE.

La terre noire de fumier.

PREMIÈRE ANNÉE.

Fourrage annuel, seigle avant la fleur, millet noir,
grande chicorée, nourriture d'une vache,
payé par huit voitures de fumier, & le
produit du lait & du veau estimé vingt
sous par semaine. . . . . 52 liv.

DEUXIÈME ANNÉE.

Blé, sans fumier, huit setiers, à 20 liv. 160

TROISIÈME ANNÉE.

Menus grains, moitié du blé. 80

Produit net pendant trois ans. . . . . . 292 liv.

La différence est de 130 livres dans les trois années
du cours des folles, ou 43 liv. 6 sous 8 deniers par
an, & cette somme multipliée par les douze millions
d'arpens en jachères, en élève le produit au-dessus de
cinq cent millions par an. Quelle perspective !

Comparaison de l'agriculture de France avec celle des étran-
gers, par un apperçu sur leurs bestiaux de toute
espèce.

L'Espagne a treize millions de bêtes à laine, dont
huit millions sont ambulans, & fournissent à la France

la plus belle laine de ſes manufactures. Elle a les haras de ſes ſuperbes chevaux dans le royaume de Jaen voiſin de l'Andalouſie : elle verſe encore à la France ſes cuirs & ſes ſuifs de Montevideo en Amérique.

Le dernier recenſement des bêtes à laine de l'Angleterre, en élève le nombre à trente millions : quatre millions de bêtes à cornes, une immenſe quantité de chevaux, dont la France achète pour un million & demi.

Il ſe tue à Corck, en Irlande, cent mille bœufs, pour le commerce étranger ; la marine de France royale & la marchande, y font leurs proviſions ; ces bœufs ont dix ans, ce qui en ſuppoſe un million & autant pour le pays, ſans les vaches ; c'eſt à eux que l'Irlande doit l'exportation de ſon beurre, & ſes beaux lins, & ſes belles toiles.

Les fromages & le beurre de Hollande publient l'énorme quantité de bêtes à cornes qui y paiſſent, & fourniſſent ſa nombreuſe marine marchande ; les chevaux de la Friſe ne ſont pas moins connus.

L'Autriche antérieure vend pour ſix à ſept millions de bœufs, de porcs & de moutons à la France ; elle envoie tous les ans trois à quatre cent mille bêtes à laine, paître dans la Lorraine, trop pauvre pour les avoir en propre, quoique avec un meilleur fol que celui de l'Angleterre.

———————

Toutes les puissances du Nord fe nourriffent de leurs beftiaux, & la Ruffie met dans le commerce extérieur, fes bons cuirs de Rouffy.

———————

La Pologne poffède dans fes fuperbes bœufs de la Podolie la plus belle race & la plus grande qu'il y ait en Europe ; elle nourriffoit en 1778 les deux armées impériale & pruffienne à la fois, fans altérer la confommation du pays.

———————

L'Ukraine eft le haras des puiffances du Nord : Frédéric II y recrutoit fa cavalerie en 1778 ; elle étoit de foixante mille chevaux ; le chanvre & le tabac de l'Ukraine ont de la réputation dans le commerce du Nord.

———————

La petite Tartarie mit fur pied, fous les ordres du Kan de Crimée, deux cent mille chevaux ; lorf-qu'en 1774 fon armée alla ravager la nouvelle Servie.

———————

Les bœufs de Hongrie réuniffent à une chair noi-râtre, & de bon goût, une belle taille, & un poil gris blanc qui les diftingue ; quelques années avant la mort de l'Impératrice-reine , l'Empereur Joseph en fit acheter en huit jours quarante mille pour la provision de Vienne , menacée d'un monopole qu'il anéantit par cette prévoyance.

* * *

La Moldavie & la Valakie fournissent tous les ans vingt mille chevaux & trois cent mille moutons à Constantinople.

* * *

La France placée dans le plus beau climat de l'Europe , ayant les terres les plus fertiles , & le peuple le plus actif ; non-seulement ne vend rien , mais elle achète de l'étranger pour vingt millions tant en bestiaux morts ou vivans , qu'en cuirs , poil , beurre fromage , peaux , &c. , & pour vingt millions de laine brute , n'ayant chez elle ni la qualité ni la quantité nécessaires de moutons pour occuper ses manufactures.

La France épuisée par les importations étrangères , a payé en 1787 la balance de son commerce , par quarante sept millions de numéraire , & sans ses colonies , il y a vingt ans que la France n'existeroit plus.

Tel est l'état de l'agriculture en France ; mais ses ressources sont si considérables dans son produit territorial , qu'il ne lui faut que dix ans , si la nation , hors d'un gouvernement arbitraire , & vivant sous des lois & des impôts justes & invariables , aidée dans les grands moyens , veut en faire usage.

La culture du tabac seroit-elle assez heureuse pour en avoir la première donné le précepte & l'exemple ?

Un commerce territorial qui peut s'élever à un milliard par an , & un commerce d'industrie incalculables , semblent demander un département d'agriculture & de commerce aussi particulier à ces deux objets que ceux de la marine , de la guerre , de l'étranger , de l'intérieur & des contributions le sont aux leurs ; ils ne sont tous que les résultats , dont celui-ci seroit la base.

NOTE II.

Si le Traité de la culture du tabac a le bonheur de présenter à la patrie la base de son agriculture dans celle des étrangers ; si l'analyse de la fabrication du tabac laisse appercevoir à l'Assemblée nationale des bénéfices qui ne doivent appartenir qu'à la nation, & n'être employés qu'à l'avantage & au soulagement du peuple , il est du devoir de son auteur , d'en indiquer quelques emplois.

L'abondance successive des récoltes amène l'avilissement des denrées , & le bonheur public alors devient un fléau ; les débouchés sont donc aussi nécessaires pour en éloigner l'excès , qu'en d'autres tems , pour en rapprocher les approvisionnemens ; il faut donc à la France des canaux de navigation , pour la circulation intérieure & continuelle de ses bleds , & leur exportation en cas de superflu.

Le côté de la France que borde la mer , jouit des grandes rivières qui y affluent ; mais les canaux sont absolument nécessaires à la partie de l'Est, pour

fe débarraffer de fes fuperflus, & jouir du commerce
de tranfit des Hollandois , de l'Allemagne & de la
Suiffe ; la Meufe , la Mofelle & le Doubs , préfentent
leurs eaux à cet effet ; la première pour tranfporter
les richeffes des provinces-unies du Brabant , du Comté
de Namur , de l'Evêché de Liége , du Luxembourg,
faire circuler les productions de la Champagne &
de la Lorraine , & fe joindre à la Mofelle par un
canal projeté par le maréchal de Vauban , nivelé
par ordre de Staniflas, reconnu d'une facile exécution,
au moyen d'un ruiffeau qui tombe dans la Mofelle
à Toul , & d'un autre qui fe perd dans la Meufe
au-deffous de Pugny.

La Mofelle s'offre au commerce de la Hollande
& de tout le Rhin , par fon embouchure naturelle
aux environs de Coblentz , & comme fa fource n'eft
pas éloignée de celle de la Saône, la jonction de ces
deux rivières a été reconnue de tout tems auffi facile
qu'importante pour la communication de l'Océan à
la Méditerranée : au moyen de ces deux canaux, la
partie orientale de la France jouira des avantages
des deux mers, quoique éloignée d'elles de plus de
cent lieues , & elle en fera jouir la Suiffe , & les
principautés de Monbelliard & de Porentrui.

Tacite nous apprend que fous la quatrième année
de l'empire de Néron , les Romains avoient commencé
la jonction de la Mofelle avec la Saône pour le tranf-
port de leurs troupes , depuis l'Italie jufque dans
l'océan feptentrional. *Vetus Mofellam atque Ararim*

facta inter utramque fossa connectere parabat ut copiæ per mare , dein Rhodano & Arari subvectæ , per eam fossam , mox fluvio Mosellâ in Rhenum , exin oceanum accurrerent ; sublatis que itinerum difficultatibus , navigâbilia inter se , occidentis septentrionisque littora fierent.

Le Doubs offre encore un commerce plus direct avec la Suisse & la Méditerranée par la Franche-Comté; il est compris dans le nombre des trois canaux accordés à la Bourgogne, il y a quelques années, & un autre commerce avec l'Alsace, par les rivières d'Alain & de l'Ille. Cette dernière traverse Strasbourg.

L'approvisionnement de Paris sollicite l'achèvement du fameux canal de Picardie, effort de génie bien au-dessus de ce qu'ont fait en ce genre les peuples de l'antiquité les plus célèbres; c'est par ce canal & par sa jonction avec l'Aisne & l'Oise , que Paris a droit d'attendre les bleds de la Flandre, de la Picardie & de l'Artois.

Le même objet exige que la Marne soit rendue navigable de Saint-Disier à Langres , pour tirer les bleds du Bassigny , du Perthois & de toute la haute Marne; un canal de jonction de cette rivière à la Saône, par la rivière de Champlite , fourniroit à Paris les bleds, les bois & les fers, tant de la Franche-Comté que des nombreuses forges de la Vingeanne.

La circulation intérieure est d'autant plus nécessaire à la France, que tout son vignoble est au Midi , & que les provinces qui bordent le
Rhône

Rhône des deux côtés, ne recueillent jamais du bled pour l'année ; il y aura donc un échange perpétuel des vins du Midi contre les bleds du Nord & de l'Est du royaume.

Dans l'intérieur, la navigation de la Charente, du Cher, de l'Indre & de la Vienne, intéresse infiniment le Bourbonnois, le Berry, l'Auvergne, le Limousin, le Poitou & la Tourraine, la Saintonge, &c. Elle lie ces départemens avec l'Océan par la Loire & par Nantes, par la Charente & Rochefort.

Tous ces magnifiques & infiniment utiles canaux peuvent être entrepris à-la-fois ; loin d'épuiser les bénéfices du tabac, ils en laissent assez pour entreprendre en même tems les travaux & les établissemens importans desirés & nécessaires à Paris Cette ville immense n'est pas seulement la capitale de la France, elle l'est de l'Europe entière par l'emplacement qu'elle occupe dans le centre : son climat, ses mœurs, le caractère doux & la politesse de ses habitans, la rendent le point de réunion, le sallon de compagnie de tous les Peuples circonvoisins. Deux moyens de plus vont les attirer encore davantage ; la permanence de l'Assemblée nationale, & l'étude de nos nouvelles loix : tout dans la capitale doit répondre à la majesté de l'empire, tout y doit inspirer le respect ou respirer l'humanité & le caractère de la nation.

L'Assemblée nationale, logée dans un manége, ne peut se justifier de cet emplacement que sur l'empressement qu'elle a eu de s'unir au roi ; elle en sera

Extrait de la culture du tabac.   C

encore plus rapprochée en se logeant dans le Louvre. L'aile qui donne sur la rivière n'est pas encore bâtie; elle se prêtera à la plus superbe salle, la plus large & la plus commode qu'on puisse construire; la cour & les places qui environnent ce superbe édifice, sa galerie de communication avec le roi, tout contribue d'autant plus à rendre cet auguste monument le palais national, qu'on peut y loger en même temps la bibliothèque & les archives dans les hauts, les académies dans les bas, les bureaux sur le plain-pied de la salle, & le musée dans la grande galerie & dans celle d'Ulysse.

Les Romains, en promulguant les lois, les gravoient (P. J. A.) sur le marbre & le bronze : il en existe encore des premières à Lyon, à Vienne, à Arles, à Nîmes; en Pannonie, à Sabaria; dans l'Illyrie, à Petavia, à Cilley, à Zara & à Trieste : la ville de Lyon conserve sur deux tables de bronze la harangue de l'empereur Claude, lorsqu'il demanda au sénat les droits de colonie romaine pour cette ville où il étoit né (P. J. B.)

Les congés même des soldats, qui avoient bien servi la patrie, étoient gravés sur des tables de bronze, qu'on fixoit aux murs de Rome & dans différens endroits du capitole : il ne leur en étoit donné que des copies collationnées & gravées sur le cuivre. (P. j. II. III. IV. V. VI. VII. VIII. IX.).

Les colonnes millaires elles-mêmes portoient le caractère de loi par le style de leurs inscriptions (P. j. C.)

Ces lois formoient le revêtement des panneaux que nous appelons encore *tables d'attente*, dans les murs de

façade de nos palais & bâtimens publics. C'est donc
sur des tables de bronze que doit être gravée la conf-
titution ; c'est donc au mur du plus superbe palais qui
existe qu'elles doivent être appliquées. Les Romains
distinguoient deux sortes de places publiques, le *campus*
ou place de marché : (à Rome le même nom existe
encore dans le *campo di bove*). & le *forum* où les lois
étoient fixées sur les murs ; on le reconnoît dans le
forum Trajani, le *forum Antonini* : le peuple y venoit
accommoder ses différens & consulter les lois ; les
provinces conquises les y apprenoient. Nous avons
appliqué le nom de *forum* au barreau, & de places
triomphales aux monumens de notre reconnoissance.
Il nous reste aujourd'hui à avoir notre *Forum Francorum*
en y fixant la constitution. Il existera sur le subassement
de ce péristile, dont Rome, Athènes, Spalatro, Palmyre
& Balbet s'enorgueilliroient, & que leurs plus grands
architectes n'ont pu concevoir ; c'est au bas de ce
palais auguste que les peuples de l'Europe viendront
prendre le modèle de leurs lois, & qu'il se formera une
alliance universelle fondée sur les droits de l'homme
en société : laissons à la nation le soin de remplir les
niches des deux galeries qui font au-dessus, & aux ar-
tistes celui d'embellir la place de la *Constitution*.

   Paris n'a point de trottoirs, quoiqu'il y ait beaucoup
de rues assez larges pour en avoir, sinon de deux, du
moins d'un côté. Le peuple, que l'Assemblée nationale
a constitué le souverain, est avili, écrasé, conspué par
les voitures : rien n'est fait pour lui. L'Assemblée
nationale de France publie les droits de l'homme, le par-

lement d'Angleterre les exécute. On connoît les trottoirs de Londres & les sentiers sablés des grands chemins de cette île, les pompes placées de distance à autre pour désaltérer les passans, les escaliers pour aider à monter à cheval. Le peuple en France n'est compté pour rien, en Angleterre, tout est fait pour lui.

Le beau pont de Louis XVI en demande un pareil au-dessus de l'Arsenal, avec une prolongation du quai de Saint-Paul; c'est le double cas d'appeler dans l'Assemblée nationale le savant ingénieur qui l'a construit, de lui donner une couronne civique, & de l'inviter à consacrer au pont de l'Arsenal le reste d'une vie autant estimable par ses mœurs, que par ses ouvrages, dont nous ne trouvons point de modèle chez les Romains. Le fameux pont de Trajan, sur le Danube, n'étoit que de bois : on peut en comparer la construction aux cônes qui ferment la rade de Cherbourg. On en voit la preuve dans la colonne trajane; son grand mérite consistoit dans sa longueur, que les antiquaires croient avoir été de sept fois la longueur du pont de Louis XVI.

L'Assemblée nationale, toujours prête à récompenser le haut mérite, ne verra qu'un moyen de signaler sa reconnoissance envers la garde nationale parisienne, en donnant le nom de son commandant général (*quai de la Fayette*) au nouveau quai qui va réunir le pont de Louis XVI au pont Royal, elle s'honorera en donnant celui de *Rochambeau* au quai des Tuileries; enfin en nommant l'héritier de la couronne *Prince Royal*, l'Assemblée jugeroit-elle à propos d'en immortaliser l'époque par le nom de pont du *Prince Royal* qu'elle donneroit à celui qu'on doit construire à l'Arfénal ? Les deux extrémités de Paris, en fuivant le cours de la Seine, feroient alors confacrées, celle du couchant au roi régnant, & celle du levant à fon fucceffeur.

Toutes ces magnifiques dépenfes peuvent être faites à-la-fois. Le tabac peut les payer, il le doit au prix de trente-fix fols la livre, auquel l'Affemblée l'a fixé. Il fournira même à d'autres également honorables pour l'humanité : à fes hôpitaux.

PIÈCES JUSTIFICATIVES. (1)

Plin. de Traj. Paneg.

(A) Quid fingula confector & colligo, quafiverò, aut oratione complecti, aut memoriâ confequi poffim, qua vos, patres confcripti, ne qua interciperet oblivio, & in publica acta mittenda & incidenda in are cenfuiftis. delectum celeberrimum locum, in quo legenda præfentibus, legenda futuris proderentur.

Seconde table de bronze de la harangue de l'Empereur Claude au fénat de Rome, lorfqu'il voulut élever la ville de Lyon au rang de colonie romaine, & lui en faire partager les priviléges.

(B) ..... N O V O ...... DIVUS. AUG. ..... NO : .... LUS & Patruus. Ti. Cæfar omnem florem. ubique. coloniarum. ac municipiorum. bonorum : fcilicet viro.

---

(1) Communiquées par M. l'abbé Jeannin, célèbre antiquaire de Lyon : ce favant Religieux a enrichi fa patrie d'un médailler précieux, d'une bibliothèque confidérable, & d'une charmante églife d'ordre dorique, que la municipalité, dont il a bien mérité, a érigée en paroiffe.

rum, ac locupletium in hâc curiâ. esse. voluit. quid.
ergò. non. Italicus senator. provinciali. potior. est. Jám.
vobis. cum. hanc. partem. censuræ meæ. adprobare.
cœpero. quid. de. eâ. re. sentiam. rebus ostendam :
sed. ne. provinciales. quidem. si modo. ornare. curiam.
poserint. reiciendos. pute.

Ornatissima. ecce. colonia. valentissima que Viennen–
sium. quam longo. Jam. tempore. senatores. huic. curiæ.
confert. ex. qua. colonia. inter. paucos. equestris. ordinis. ornamentum. L. Vestinum. familiarissimè. diligo. &
hodiè. que. in. rebus. meis. detineo. cujus. liberi fruan-
tur. quæso. primo. sacerdotiorum. gradu. post. modo.
cum. annis. promoturi. dignitatis. suæ. incrementa. ut.
dirum. nomen. latronis. taceam. et. odi. illud. Palæstri-
cum. prodigium. quod. ante. in. domum. consulatum.
intulit. quam. colonia. sua. solidum. civitatis. romanæ.
beneficium. consecuta. est. idem. de fratre. ejus. possum.
dicere. miserabili. quidem. indignissimo. que. hoc casu.
ut. vobis. utilis. senator. esse. non. possit. tempus. est.
jam. Tiberi. Cæsar. Germanice. detegere. te. patribus.
conscriptis. quo. tendat. oratio. tua. jam. enim. ad.
extremos. fines. Galliæ. Narbonensis. venisti.

Tot. ecce. insignes. juvenes. quot. intueor. quam.
pænitet : non. magis. sunt. pœnitenti. senatores.
Persicum. nobilissimum. virum. amicum. meum. inter.
imagines. majorum. suorum. Allobrogi. nomen. legere.
quod. si. ita : esse. consensitis. quid. ultra. desideratis.
quam. ut. vobis. digito. demonstrem. solum. ipsum.
ultra. fines. Provinciæ. Narbonensis. jam. vobis. senatores. mittere. quando. ex. Lugduno. habere. nos.

noftri. ordinis. viros. non. pænitet. timide. quidem. P. C.
egreffus ad. fuetos. familiares. que. vobis. provinciarum.
terminos. fum. fed. deftricte. jam. Comatæ. Galliæ. caufa.
agenda. eft. in qua. fiquis. hoc. intuetur. quod. bello,
per. decem. annos. exercuerunt. Divom. Julium. diem.
opponat. centum. annorum. immobilem. fidem. obfe-
quim. que. multis. trepidis. Rebus. Noftris. plus. quam.
expertum. illi. patri. meo. Drufo. Germaniam. fubigenti.
tutam. quiete. fua. fecuram. que. a tergo. pacem. præf-
titerunt. & quidem. cum. ad. cenfus. novo. tum. opere.
& inadfueto. Gallis. ad. bellum. avocatus. effet. quod.
opus. quam. arduum. fit. nobis. nunc. cum. maxime.
quamvis. nihil. ultra quam. ut. publice. notæ. fint.
facultates. noftræ. exquiratur. nimis. magno. experi-
mento. cognofcimus.

Congés Romains, militaires.

I. D E C L A U D E.

Defcriptum & recognitum ex tabulâ æreâ quæ fixa
eft Romæ in Capitolio ædis fidei Populi Romani parte
exteriore.

II. DE GALBA.

Defcriptum & recognitum ex tabulâ æreâ quæ fixa
eft Romæ in Capitolio in ara Gentis Juliæ.

III. DE GALBA.

Defcriptum & recognitum ex tabulâ æreâ quæ fixa
eft Romæ in Capitolio ad aram.

IV. DE VESPASIEN.

Defcriptum & recognitum ex tabulâ æneâ quæ fixa
eft Romæ in Capitolio in podio aræ Gentis Juliæ.

V. DE VESPASIEN.

Defcriptum & recognitum ex tabulâ æneâ quæ fixa
eft Romæ in Capitolio ad aram gentis juliæ de foras
podio finifteriore.

VI. DE DOMITIEN.

Defcriptum, &c. ex tabulâ æneâ quæ fixa eft Romæ
in Capitolio.

VII. DE DOMITIEN.

. . . . M. ET. RECOGNITVM. . . . .
. . . . ÆNEA. AV. . . . .

VIII. DE DOMITIEN.

Defcriptum & recognitum ex tabulâ æreâ quæ fixa
eft Romæ in muro poft templum Divi Aug. ad Minervam.

IX. DE GORDIEN PIE.

Defcriptum & recognitum ex tabulâ ærea quæ fixa
eft

est Romæ in muro post templum Divi Augusti ad
Minervam.

(C) DE CLAUDE.

*Inscription de la colonne milliaire de Saqueney, village
entre Langres & Pontailler.*

Tib. Claud. Drusi. F. Cæsar Aug. Germani. Pont.
Max. Trib. Post. II. Imp. III. Consi. II. designat. III.
and. M. P. XXII.

Extrait du voyage de SMITH *dans l'Amérique septentrionale, en* 1784; *chez Buisson,* 1791.

(*Voyez la page* 61 *du traité*).

DESCRIPTION DE LA LOUISIANE.

Cédée à l'Espagne en 1763.

» Il n'existe pas dans le continent de l'Amérique une
» contrée qui puisse être comparée à la partie occiden-
» tale du Mississipi, pour la richesse du sol, la tempé-
» rature, la beauté du climat & la salubrité de l'air. On
» y trouve d'excellens ports & de belles rivières naviga-
» bles. La terre n'a pas besoin de culture pour faciliter la
» prodigieuse végétation; les bestiaux, les chevaux, tous
» les animaux utiles se multiplient à un degré incroyable,
» sans soin, sans aucune précaution; on n'a même pas

» befoin d'amaſſer des fourrages pour l'hiver. En un
» mot il n'y a point de charmes, d'agrémens, d'avan-
» tages que la nature n'ait accordés à cette contrée :
» elle femble s'être épuifée pour y répandre fes largeffes
» avec profufion ; cette terre promife peut être ap-
» pelée, avec jufte raifon, le jardin de l'Amérique &
» même de l'univers.

   » Par la politique étroite & erronée du gouver-
» nement efpagnol, cette province reffemble à préfent
» à un défert inculte. »

Le tabac y vient fupérieurement : cette culture eût
defriché fes immenfes plaines ; elles euffent été peu-
plées par les exportations néceffaires dans tous les em-
pires : l'étendue de la Louifiane dont la longueur eft
de plus de fix cent lieues, fur deux cent de large ;
le Miffiffipi qui la traverfe d'un bout à l'autre, par-
tout navigable ; fes forets immenfes, & fon heureux
climat doivent faire apprécier la perte qu'a faite
l'Empire.

. . . . *Quis talia fando,*
  Temperet à lacrymis ? . . . .

www.ingramcontent.com/pod-product-compliance
Ingram Content Group UK Ltd.
Pitfield, Milton Keynes, MK11 3LW, UK
UKHW021140140726
13695UKWH00005B/1913